Samiksha Saxena
Vishal Srivashtav
Anand Keshari

Síntese ecológica de nanopartículas de prata utilizando Catharanthus Roseus

Samiksha Saxena
Vishal Srivashtav
Anand Keshari

Síntese ecológica de nanopartículas de prata utilizando Catharanthus Roseus

ScienciaScripts

Imprint

Any brand names and product names mentioned in this book are subject to trademark, brand or patent protection and are trademarks or registered trademarks of their respective holders. The use of brand names, product names, common names, trade names, product descriptions etc. even without a particular marking in this work is in no way to be construed to mean that such names may be regarded as unrestricted in respect of trademark and brand protection legislation and could thus be used by anyone.

Cover image: www.ingimage.com

This book is a translation from the original published under ISBN 978-3-330-35261-2.

Publisher:
Sciencia Scripts
is a trademark of
Dodo Books Indian Ocean Ltd. and OmniScriptum S.R.L publishing group

120 High Road, East Finchley, London, N2 9ED, United Kingdom
Str. Armeneasca 28/1, office 1, Chisinau MD-2012, Republic of Moldova, Europe
Printed at: see last page
ISBN: 978-620-7-68335-2

ÍNDICE

ABREVIATURAS

Abbreviation	Full Forms
%	Percent
Cm	Centimeter
AgNPs	Silver nanoparticles
ddH_2O	Double Distilled Water
Gm	Gram
HCl	Hydrochloric acid
NaCl	Sodium Chloride
$NaBH_4$	Sodium borohydride
$FeCl_3$	Ferric Chloride
H_2O_2	Hydrogen peroxide
L	Litre
M	Molar
mM	milli Molar
Mg/L	Milligram per Litre
μL	Micro litre
Min	Minute
mL	Milliliter
NaOH	Sodium hydroxide
H_2SO_4	Sulphuric acid
KH_2PO_4	Potassium dihydrogen phosphate
K_2HPO_4	Potassium hydrogen phosphate
NaH_2PO_4	Sodium dihydrogen phosphate
Na_2HPO_4	Sodium hydrogen phosphate
DPPH	1,1-Diphenyl-2-picrylhydrazyl
EDTA	Ethylenediaminetetraacetic acid
^0C	Degree Celsius
nm	Nanometer

RESUMO

Síntese biogénica rápida e verde de nanopartículas de prata (AgNPs) utilizando extrato de folhas de *Catharanthus roseus*. As nanopartículas sintetizadas foram caracterizadas utilizando UV-Visível, FTIR e XRD. A redução de iões de prata a AgNPs utilizando o extrato de *C. roseus* foi concluída em 240 minutos. A formação de AgNPs foi confirmada através da utilização da Ressonância Plasmónica de Superfície (SPR) a 413 nm utilizando o Espectrofotómetro UV-Vis. Os estudos morfológicos revelaram a forma esférica das partículas com tamanhos que variam entre 16 e 35 nm e o espetro EDX confirmou a presença de prata juntamente com outros elementos no metabolito das plantas. A síntese de AgNPs extracelulares por extrato aquoso de folhas demonstra um método ultrarrápido, simples e barato, comparável a outros métodos. O ensaio antioxidante das AgNPs sintetizadas indicou que estas possuem uma forte propriedade antioxidante em comparação com o controlo. Uma vez que estes compostos também são seguros para utilização e descarregados no ambiente, as AgNPs verdes podem scr consideradas como uma abordagem alternativa inovadora para as indústrias biomédicas e baseadas na nanociência.

Palavras-chave : *Catharanthus roseus*, síntese verde, AgNPs, atividade antioxidante

CAPÍTULO 1
INTRODUÇÃO

I. INTRODUÇÃO

O domínio da nanotecnologia lida principalmente com a biologia, a física, a química e as ciências dos materiais e desenvolve novos materiais terapêuticos nanométricos para aplicações biomédicas e farmacêuticas (Chandran *et al.*, 2006). Envolve a síntese e a aplicação de materiais com uma das dimensões na gama de 1-100 nm (Kaushik *et al.*, 2010).

Foram descobertas várias abordagens para a síntese de nanopartículas de prata, tais como métodos físicos, químicos e biológicos (Song *et al., 2008)*. Os métodos físicos e químicos mais importantes são a ablação por laser, a pirólise, o gel sol, a deposição química ou física de vapor e a eletrodeposição litográfica. Mas ambos os métodos não são adequados para a síntese de nanopartículas devido ao baixo rendimento, ao custo elevado e à utilização de produtos químicos tóxicos (Kauvaris *et al.*, 2012; Konwarh *et al.*, 2011*). A síntese biológica de nanopartículas está a ser realizada por vários organismos, tais como plantas, bactérias, fungos, algas e microalgas (Iravani *et al.*, 2014). Os nanomateriais biossintetizados têm vindo a controlar eficazmente as várias doenças endémicas com menos efeitos adversos (Kuppusamy *et al.*, 2016). Os métodos microbianos para a síntese de nanopartículas de prata têm várias desvantagens porque a maioria dos agentes patogénicos são patogénicos na natureza, quer para plantas quer para animais (Alghuthaymi *et al.*, 2015).

As plantas medicinais possuem várias biomoléculas, como alcalóides, flavonóides, saponinas, esteróides, taninos e outros compostos nutricionais, que lhes conferem características únicas, como propriedades antioxidantes, antibacterianas, antivirais, anti plasmodiais, antifungicidas, anti-inflamatórias, antidiabéticas e anticancerígenas (Aromal *et al.*, 2012). Estes produtos naturais são derivados de várias partes da planta, tais como folhas, caules, raízes, rebentos, flores, cascas e sementes (Chandran *et al.*, 2006). Recentemente, muitos estudos provaram que os extractos de plantas actuam como um potencial precursor para a síntese de materiais não perigosos de forma não perigosa. Uma vez que o extrato de planta contém vários metabolitos secundários, actua como agentes redutores e estabilizadores para a reação de bio-redução para sintetizar novas nanopartículas metálicas (Aromal *et al.,* 2012). Devido às razões acima mencionadas, atualmente é preferida a síntese de nanopartículas de prata com base em plantas medicinais.

Os métodos não biológicos (químicos e físicos) são utilizados na síntese de nanopartículas, que apresentam um risco grave e uma elevada toxicidade para os organismos vivos. Por outro lado, a síntese biológica de nanopartículas metálicas é um método económico, de passo único e amigo do ambiente (Sathishkumar *et al.,* 2009). As plantas são utilizadas com êxito na síntese de várias nanopartículas mais ecológicas, como o cobalto, o cobre, a prata, o ouro, o paládio, a platina, o óxido de zinco e a magnetite. Além disso, as nanopartículas mediadas por plantas são um remédio potencial para várias doenças, como a malária, o cancro, o VIH, a hepatite e outras doenças agudas (Kuppusamy *et al.,* 2016).

O Catharanthus roseus é um subarbusto perene ou uma planta herbácea que atinge 1 m de altura. As folhas são ovais a oblongas, com 2,5-9 cm de comprimento e 1-3,5 cm de largura, verde brilhante, sem pêlos, com uma nervura central clara e um pecíolo curto com 1-1,8 cm de comprimento; dispostas em pares opostos. As flores são de cor branca a rosa escuro ou púrpura, com um tubo basal de 2,5-3 cm de comprimento e uma corola de 2-5 cm de diâmetro com 5 lóbulos em forma de pétala. As variedades branca e cor-de-rosa são cultivadas para fins medicinais. O fruto é um par de folículos com 2-4 cm de comprimento e 3 mm de largura. A espécie é amplamente cultivada como planta medicinal e ornamental (Huxley *et al.,* 1992).

Alguns relatórios confirmaram a síntese de nanopartículas de prata utilizando diferentes extractos de plantas, como a flor de calêndula, *Withania sominifera* (Nagati *et al.,* 2012*)*, *Acalypha indica* (Krishnaraj *et al.,* 2010), *Mentha piperita* (MubarakAli *et al.,* 2011), *Citrus sinensis* (Kaviya *et al.,* 2011), etc. Foi realizado anteriormente um trabalho experimental em *Catharanthus roseus* para sintetizar nanopartículas de Ag, Pd e TiO2 utilizando o seu extrato de folhas e as nanopartículas sintetizadas situam-se na gama de 50 nm (Mukunthan *et al.,* 2011*;*

Kalaiselvi *et al.*, 2015; Velayutham *et al.*, 2012).

Catharanthus roseus (família; Apocynaceae) é uma das plantas medicinais importantes e tem diferentes fitocompostos, como a vincristina, a vinblastina e a ajmalicina. Vários trabalhos de investigação confirmam que o *Catharanthus roseus* é utilizado como antibacteriano, antifúngico, antibiótico, antioxidante, cicatrizante de feridas e antiviral (Kapadia *et al.*, 2006). Assim, a investigação centra-se principalmente na síntese ecológica de SNPs utilizando o extrato de folhas de *Catharanthus roseus* para a redução de Ag^+ a nanopartículas de Ag^0 a partir de uma solução de AgNO3. Além disso, esta investigação cria uma visão inovadora para compreender como o comportamento dos SNPs pode ser optimizado para melhorar as propriedades antioxidantes humanas.

OBJECTIVOS:

Os nossos objectivos para a experimentação eram os seguintes
1. Normalizar a síntese de nanopartículas de prata utilizando extractos de folhas de
   Catharanthus roseus
2. Caracterização de nanopartículas de prata utilizando diferentes técnicas
3. Estudar as propriedades antioxidantes das nanopartículas de prata sintetizadas em verde com *Catharanthus roseus*

CAPÍTULO 2
REVISÃO DA LITERATURA

II. REVISÃO DA LITERATURA

A nanotecnologia é um domínio emergente da investigação moderna que lida com a síntese, a estratégia e a manipulação da estrutura de partículas com dimensões entre aproximadamente 1 e 100 nm. Dentro desta gama de dimensões, todas as propriedades (químicas, físicas e biológicas) se alteram de forma fundamental, tanto dos átomos/moléculas individuais como do seu correspondente volume. As nanopartículas têm propriedades multifuncionais e aplicações muito interessantes em vários domínios, como a medicina, a nutrição e a energia (Chandan *et al.*, 2006). Além disso, criaram vantagens notáveis na indústria farmacológica para curar várias doenças bacterianas e virais. As novas aplicações de nanopartículas e nanomateriais estão a crescer rapidamente em várias frentes devido às suas propriedades completamente novas ou melhoradas com base no tamanho, na sua distribuição e morfologia. Estão a ser rapidamente renovadas num grande número de domínios, como os cuidados de saúde, os cosméticos, a biomedicina, a alimentação humana e animal, a administração de medicamentos e de genes, o ambiente, a saúde, a mecânica, a ótica, as indústrias químicas, a eletrónica, as indústrias espaciais, as ciências da energia, a catálise, os emissores de luz, os transístores de electrões únicos, os dispositivos ópticos não lineares e as aplicações fotoelectroquímicas (Korbekandi *et al.*, 2012; Khalil *et al.*, 2013; Kaviya *et al.*, 2011).

11.1 Nanopartículas:

As nanopartículas (NPs) têm uma das dimensões na gama de 1-100 nm. Funcionam como uma zona de transição entre materiais a granel e estruturas atómicas ou moleculares (Kaushik *et al.*, 2012). As NPs possuem propriedades notáveis e interessantes devido às suas pequenas dimensões, grande área de superfície com ligações livres pendentes e maior reatividade em relação às suas contrapartes a granel (Bogunia *et al.*, 2002; Daniel *et al.*, 2004; Zharov *et al.*, 2005). As nanopartículas podem ser sintetizadas a partir de materiais de natureza química diversa, geralmente de metais, óxidos metálicos, cerâmicas não óxidas, polímeros, orgânicos, silicatos, carbono e biomoléculas. As nanopartículas apresentam-se em diversas morfologias, como esferas, cilindros, tubos, etc. Geralmente, as nanopartículas são modificadas à superfície para se adaptarem às necessidades das aplicações específicas a que se destinam. Hoje em dia, as nanopartículas podem ser submetidas a um tratamento que as torna um campo vital e ativo da ciência, explorando a vasta diversidade das nanopartículas, nomeadamente devido à sua natureza química, forma e morfologias, ao meio em que as partículas estão presentes, ao estado de dispersão das partículas e, mais importante ainda, às numerosas modificações de superfície possíveis (Mafune *et al.*, 2001).

11.2   Tipos de nanopartículas:

As nanopartículas podem ser classificadas em dois grupos, nomeadamente, nanopartículas orgânicas e nanopartículas inorgânicas. As nanopartículas orgânicas incluem nanopartículas de carbono (nanotubos de carbono, fulerenos). As nanopartículas inorgânicas incluem nanopartículas magnéticas (como o cobalto, o níquel, o ferro e os respectivos óxidos), nanopartículas de metais nobres (como o ouro e a prata) e nanopartículas semicondutoras (como o óxido de titânio e o óxido de zinco). As nanopartículas inorgânicas de metais nobres (Au e Ag) são preferidas por proporcionarem propriedades materiais superiores com versatilidade funcional (Mafune *et al.*, 2000).

Existem vários tipos de nanopartículas que são sintetizadas como prata, ouro, liga e magnéticas.

11.2.1   Prata:

Está provado que as nanopartículas de prata têm uma boa eficácia antimicrobiana contra bactérias, vírus e outros microrganismos eucarióticos *(Gong et al., 2007; Rai et al., 2009)*. Por conseguinte, são os nanomateriais mais utilizados entre todos os agentes antimicrobianos, nas indústrias têxteis, no tratamento da água, em loções de proteção solar, etc. (Rai *et al.*, 2009; Sharma *et al.*, 2009; Shankar *et al.*, 2004;

Bar *et al.*, 2009; Jha *et al.*, 2010)

11.2.2 Ouro:

As nanopartículas de ouro são úteis em estudos imunoquímicos para a identificação de interacções entre proteínas. Podem funcionar como marcadores de laboratório em impressões digitais de ADN para detetar a presença de ADN numa amostra. Podem também ser utilizadas para a deteção de antibióticos amino-glicosídeos como a estreptomicina, a gentamicina e a neomicina. Os nanobastões de ouro estão a ser utilizados para detetar células estaminais cancerosas, o que é benéfico para o diagnóstico do cancro e para a identificação de diferentes classes de bactérias (Baban *et al.*, 1998*)*.

11.2.3 Liga:

As nanopartículas de ligas metálicas apresentam propriedades estruturais que são únicas em relação às suas amostras a granel (Ceylon *et al.*, 2006). A prata tem a condutividade eléctrica mais elevada entre as cargas metálicas e, ao contrário de muitos outros metais, os seus óxidos têm uma condutividade relativamente melhor, *pelo que os* flocos de prata são muito utilizados. As propriedades das nanopartículas de ligas bimetálicas são influenciadas por ambos os metais e apresentam mais vantagens do que as nanopartículas metálicas comuns (Mohl *et al.*, 2011).

11.2.4 Magnético:

As nanopartículas magnéticas como o Fe_3O_4 (magnetite) e o Fe_2O_3 (magnemite) são conhecidas por serem biocompatíveis. Têm sido ativamente utilizadas no tratamento específico do cancro (hipertermia magnética), na seleção e manipulação de células estaminais, na administração guiada de medicamentos, na terapia genética, na análise do ADN e na imagiologia por ressonância magnética (RMN) (Fan *et al.*, 2009).

As nanopartículas podem também ser classificadas como nanopartículas unidimensionais (filmes finos ou monocamadas de 1-100nm), nanopartículas bidimensionais (como os nanotubos de carbono) e nanopartículas tridimensionais (como os fulerenos) (Pal *et al,*

2011) . Devido às suas características de tamanho e vantagens em relação aos agentes químicos de imagem e aos fármacos disponíveis, as nãoopartículas inorgânicas têm sido amplamente utilizadas para a entrega celular devido às suas características versáteis, como a ampla disponibilidade, a funcionalidade rica, a boa compatibilidade e a capacidade de entrega de fármacos direccionada e de libertação controlada de fármacos.

11.3 Necessidade de utilizar nanopartículas de prata:

A prata é um elemento raro, mas de ocorrência natural. A prata pura é um metal com a mais elevada condutividade eléctrica e térmica e a mais baixa resistência de contacto. Pode existir em quatro estados de oxidação diferentes: Ag^0 , Ag^+ , Ag^{2+} e Ag^{3+} entre os quais Ag e Ag^+ são os mais abundantes (Kabashin *et al.,* 2003*).* As nanopartículas de prata são de interesse devido às suas propriedades ópticas, eléctricas e magnéticas únicas, dependendo da forma e do tamanho, que podem ser incorporadas em aplicações antimicrobianas, materiais biossensores, fibras compostas, materiais supercondutores criogénicos, produtos cosméticos e componentes electrónicos (Iravani *et al.,* 2014).

As nanopartículas de prata são, na sua maioria, mais pequenas do que 100 nm e consistem em cerca de 20-15.000 átomos de prata (Sylvestre *et al.,* 2004). Além disso, as nanoestruturas podem ser produzidas sob a forma de tubos, fios, multifacetas ou películas. À escala nanométrica, as partículas de prata exibem propriedades físico-químicas diferentes (como a partição dependente do pH em partículas sólidas e dissolvidas) e actividades biológicas em comparação com o metal normal (Kim *et al.,* 2005). Isto deve-se à maior área de superfície por massa, permitindo que uma maior quantidade de átomos interaja com o meio envolvente. Devido às propriedades da prata à nanoescala, a nano-prata é atualmente utilizada num número crescente de produtos de consumo e médicos. Como a prata é um elemento branco suave e brilhante, uma utilização importante das nanopartículas de prata é dar um acabamento prateado a um produto. No entanto, a atividade antimicrobiana notavelmente forte é a principal direção para o desenvolvimento de produtos de nanoprata (Link *et al.*, 2000).

11.4 Métodos de síntese de nanopartículas:

Fig 2.1 : Processo de síntese de nanopartículas

11.4.1 Abordagens físicas:

A evaporação-condensação e a ablação por laser são alguns dos métodos físicos mais importantes. Nanopartículas metálicas como prata, ouro, sulfureto de chumbo, sulfureto de cádmio e fulereno já foram sintetizadas utilizando o processo de evaporação-condensação. Quando comparados com os processos químicos, os processos físicos são mais vantajosos devido à ausência de contaminação por solventes nas preparações de película fina e à distribuição uniforme das nanopartículas (Tsuji *et al.*, 2002; Tsuji *et al.*, 2003). As nanopartículas de prata também podem ser sintetizadas utilizando um pequeno aquecedor de cerâmica com uma fonte de aquecimento local (Wiley *et al.*, 2005). Os vapores evaporados arrefecem rapidamente devido ao acentuado gradiente de temperatura nas proximidades da superfície do aquecedor, em comparação com a do forno tubular. Isto leva à formação de pequenas nanopartículas numa concentração consideravelmente elevada. Este método físico é bastante útil na geração de nanopartículas no caso de experiências a longo prazo para estudos de toxicidade por inalação e como dispositivo de calibração para equipamento de medição de nanopartículas (Merga *et al.*, 2007*). A síntese de nanopartículas de prata também pode ser efectuada por ablação a laser de materiais metálicos em solução (Evanoff *et* *al.*, 2004; Oliveira *et al.*, 2005). A eficiência da ablação e as características das nanopartículas de prata sintetizadas podem depender de vários factores, tais como o comprimento de onda do laser que incide no alvo metálico, a duração dos impulsos do laser (no regime de femto-, pico- e nanossegundos), a fluência do laser, a duração do tempo de ablação e o meio líquido eficaz, com ou sem a presença de surfactantes *(Ankamwar et al.*, 2005; Korbekandi *et al.*, 2009; Iravani *et al.*, 2011; Haefeli *et al.*, 1984). Uma das vantagens cruciais da técnica de ablação a laser em relação a outros métodos de produção de colóides metálicos é a ausência de reagentes químicos nas soluções. Assim, podem ser sintetizados colóides metálicos puros e não contaminados através deste método (Husseiny *et al.*, 2006).

11.4.2 Abordagens químicas:

A abordagem mais comummente utilizada para a síntese de nanopartículas de prata é a redução química por agentes redutores orgânicos e inorgânicos. Em geral, são utilizados diferentes agentes redutores, tais como citrato de sódio, ascorbato, borohidreto de sódio (NaBH4), hidrogénio elementar, processo poliol, reagente de Tollens, N, N-dimetilformamida (DMF) e copolímeros em bloco de poli (etilenoglicol) para a redução de iões de prata (Ag^+) em soluções aquosas ou não aquosas. Os agentes redutores supramencionados reduzem os iões de prata (Ag^+) e conduzem à formação de prata metálica (Ag^0), a que se segue a aglomeração em aglomerados oligoméricos. Estes aglomerados conduzem eventualmente à formação de partículas de prata metálica coloidal (Anil *et al.*, 2007; Mohanpuria *et al.*, 2001). É importante utilizar agentes protectores para estabilizar as nanopartículas dispersivas durante a preparação das nanopartículas metálicas e proteger as nanopartículas que podem ser absorvidas ou ligar-se às superfícies das nanopartículas, evitando a sua aglomeração (Ahmad *et al.*, 2003). A presença de tensioactivos com funcionalidades (por exemplo, tióis, aminas, ácidos e álcoois) para interação com as superfícies das partículas pode estabilizar o crescimento das partículas e protegê-las da sedimentação, aglomeração ou perda das suas propriedades de superfície.

Recentemente, foi utilizado um processo simples de uma etapa, o método de Tollen, para a síntese de nanopartículas de prata com um tamanho controlado. No procedimento de Tollen modificado, os iões de prata são reduzidos por sacarídeos na presença de amoníaco, produzindo películas de nanopartículas de prata (50-200 nm), hidrossóis de prata (20-50 nm) e nanopartículas de prata de diferentes formas (Jha *et al.*, 2009).

11.4.3 Abordagens biológicas:

Este método envolve a síntese de nanopartículas de prata utilizando microorganismos (bactérias, fungos), plantas e seus produtos.

11.4.3.1   Síntese de nanopartículas de prata por bactérias:

Os materiais inorgânicos podem ser sintetizados pelas bactérias, tanto a nível intracelular como extracelular. Assim, podem atuar como potenciais biofábricas para a síntese de nanopartículas de ouro e prata. A prata tem propriedades biocidas bem conhecidas. Algumas bactérias são conhecidas por serem resistentes à prata (Slawson *et al.*, 1992*)*. As estirpes bacterianas resistentes à prata *Pseudomonas stutzeri* AG259 foram as primeiras a ser utilizadas para a síntese de nanopartículas de metais nobres, cultivando-as em concentrações elevadas de nitratos de prata. Isto demonstrou que as células acumulavam grandes quantidades de prata, a maioria das quais com 200 nanómetros de diâmetro (Klaus *et al.*, 1999*)*. O tipo de "caldo" utilizado durante a incubação das bactérias determina a promoção da síntese extracelular ou intracelular. Este tipo de seleção torna a síntese verde baseada em bactérias flexível, barata e um método adequado para a produção em grande escala *(*Samadi *et al.*, 2009*)*. É importante salientar que as bactérias continuaram a crescer após a síntese de nanopartículas de prata. A biossíntese da prata pode ser melhor conseguida através da utilização da enzima *nitrato redutase*. Esta enzima converte o nitrato em nitrito. Na síntese *in vitro* de prata utilizando bactérias, a etapa de processamento a jusante é eliminada pela presença da nitrato redutase dependente da forma reduzida do fosfato de adenina adenina dinucleótido de alfa-icotinamida (NADPH), tal como exigido noutros casos

(Vaidyanathan *et al.*, 2010). No entanto, a principal desvantagem da utilização de bactérias como nanofábricas é a taxa de síntese lenta e o número limitado de tamanhos e formas disponíveis em comparação com os métodos químicos convencionais de síntese.

11.4.3.2 Síntese de nanopartículas utilizando fungos:

Tal como as bactérias, os fungos têm uma elevada tolerância e capacidade de bioacumulação de metais, uma elevada capacidade de ligação e de absorção intracelular (Sastry *et al.*, 2003). Além disso, os fungos são mais simples de manipular em laboratório. Ao contrário das bactérias, os fungos segregam enzimas que são utilizadas para reduzir os iões de prata que conduzem à formação de nanopartículas metálicas (Mandal *et al.*, 2006). As primeiras AgNPs mediadas por fungos foram preparadas por *Verticillium* (Mukherjee *et al.*, 2001*)*. O mecanismo envolve a formação de NPs na superfície dos micélios e não na solução. Em primeiro lugar, os iões Ag^+ são adsorvidos na superfície das células fúngicas devido à interação eletrostática entre os grupos carboxilato de carga negativa nas enzimas presentes na parede celular dos micélios e os iões Ag de carga positiva. Finalmente, os iões de prata são reduzidos por enzimas da parede celular, levando à formação de núcleos de prata (Mukherjee *et al.* 2001). Diz-se que as enzimas extracelulares, como as naftoquinonas e as antraquinonas, facilitam a redução. Por exemplo, em *F. oxysporum*, acredita-se que a *redutase de nitrato* dependente de NADPH e um processo extracelular de quinina de vaivém são responsáveis pela síntese de nanopartículas (Drake *et al.*, 2005). Embora o mecanismo exato envolvido na síntese de nanopartículas de prata por fungos ainda não tenha sido totalmente descodificado. A síntese extracelular é mais vantajosa do que a síntese intracelular, uma vez que as nanopartículas sintetizadas não se ligam à biomassa (Balaji *et al.*, 2009, Duran *et al.*, 2005). O facto de serem amigos do ambiente, a simplicidade de manuseamento e a taxa de reação mais rápida levaram à utilização crescente de fungos na síntese verde (Vigneshwaran *et al.*, 2006, Bhasina *et al.*, 2006).

Mas a principal desvantagem da utilização de micróbios para sintetizar nanopartículas de prata é a taxa de reação mais lenta e a patogenicidade para as plantas ou os seres humanos em comparação com os extractos de plantas. Por conseguinte, a síntese de nanopartículas de prata utilizando extractos de plantas é mais amplamente aceite.

11.4.3.3　Síntese de nanopartículas de prata utilizando extrato de plantas:

A síntese de nanopartículas de prata utilizando plantas ganhou atenção devido ao processo rápido, ecológico, não patogénico e económico; proporcionando um método de passo único para os processos biossintéticos. Além disso, os extractos de plantas para a síntese de nanopartículas estão facilmente disponíveis, são seguros de manusear e, na maioria dos casos, não são tóxicos. Os iões de prata são reduzidos e estabilizados pela combinação de várias biomoléculas, tais como proteínas, aminoácidos, enzimas, polissacáridos, alcalóides, taninos, fenólicos, saponinas, terpinoides e vitaminas, que estão presentes nos extractos de plantas com valores medicinais e são benignos para o ambiente, mas com estruturas quimicamente complexas (Sharma *et al.*, 2015). Os níveis relativamente elevados de esteroides, sapogeninas, hidratos de carbono e flavonoides actuam como agentes redutores e os fitoconstituintes como agentes de cobertura que conferem estabilidade às nanopartículas de prata. Estudos revelaram que a emodina, uma antraquinona, presente nas xerófitas, sofre tautomerização que leva à síntese das nanopartículas de prata. Verificou-se que os mesófitos contêm três tipos de benzoquinonas: ciperoquinona, dietchequinona e remirina. A redução assistida por plantas por fitoquímicos é o principal mecanismo de síntese de nanopartículas verdes (Sun *et al.*, 2014, Sondi *et al.*, 2004).

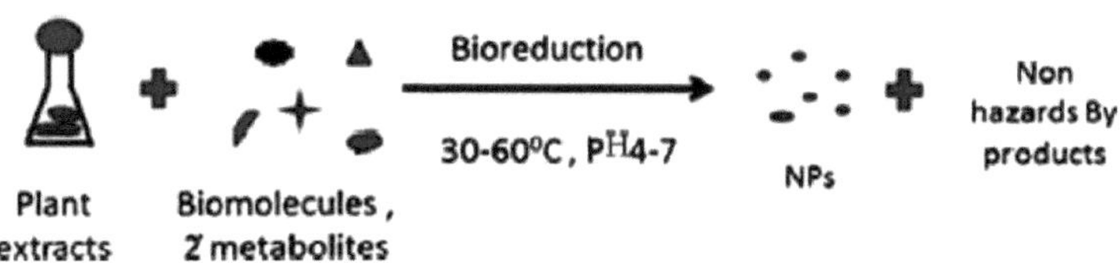

2.5 Necessidade de síntese ecológica de nanopartículas:

A nanotecnologia verde refere-se à formação de nanoprodutos verdes e à utilização destes produtos para alcançar o desenvolvimento sustentável. As NPs verdes sintetizadas desempenham um papel importante em medicamentos, aplicações clínicas e aplicações de diagnóstico in vitro (Sangeetha *et al.,* 2011). As NPs sintetizadas através de métodos verdes apresentam excelentes efeitos antibacterianos (Jayaseelan *et al.,* 2012*)*, efeitos antifúngicos (Sanghi *et al.,* 2009*)* e atividade antiparasitária (Velayutham *et al.,* 2012*)*. A utilização de recursos naturais para a produção de NPs é sustentável, ecológica, pouco dispendiosa e isenta de contaminantes químicos para aplicações biológicas e médicas em que a pureza das NPs é uma preocupação fundamental. Os nanomateriais úteis e comuns podem ser produzidos facilmente em grande escala (Korbekandi *et al.,* 2012).

Os processos de síntese biológica não envolvem a utilização de produtos químicos agressivos e tóxicos. Os produtos residuais dos extractos de plantas não são tóxicos e podem ser facilmente eliminados. Além disso, as NPs sintetizadas através da via verde são comparativamente mais estáveis e eficazes do que as sintetizadas por métodos físicos e químicos. A maioria das sínteses ecológicas de nanopartículas foi registada por NPs de Ag e Au, o que pode dever-se ao seu papel vital na ciência da desinfeção.

Amostra biológica:

Classificação : *Catharanthus roseus*

Reino : Plantae

Divisão   : Magnoliophyta

Classe   : Magnoliopsida

Ordem   : Gentianales

Família   : Apocynaceae

Género   : *Catharanthus*

Espécies : *C. roseus*

Fig: 2.3 *Catharanthus roseus*

O género *Catharanthus* é constituído por oito espécies, das quais sete são
endémica de Madagáscar e uma, *C. pusillus*, endémica da Índia. *Catharanthus roseus*, a pervinca de Madagáscar, é uma espécie floral importante na horticultura e é uma das poucas plantas farmacológicas. Esta planta desempenha ainda hoje um papel considerável na medicina herbácea e tradicional para o tratamento de várias doenças (Valdiani *et al.*, 2012). As plantas medicinais têm desempenhado um papel fundamental nos cuidados de saúde mundiais (Facchini *et al.*, 2001). *Catharanthus. roseus*, para além de ser a fonte mais importante de medicamentos naturais, é também um dos principais organismos modelo para estudar os metabolitos alcalóides das plantas devido à sua capacidade de sintetizar uma vasta gama de terpenóides, indol e alcalóides com um amplo espetro farmacêutico (Roepke *et al.*, 2010).

2.6 Compostos fitoquímicos:

As plantas são inteiramente compostas por substâncias químicas de vários

tipos. Os fitoquímicos (do grego *phyto*, que significa "planta") são substâncias

químicas produzidas pelas plantas através do metabolismo primário ou secundário

(Molyneux *et al.*, 2007, Baxter *et al.*, 1998). Têm geralmente atividade biológica no

hospedeiro vegetal e desempenham um papel no crescimento da planta ou na defesa contra concorrentes, agentes patogénicos ou predadores (Iwasaki *et al.,* 1998). Sem um conhecimento específico das suas acções ou mecanismos celulares, os fitoquímicos têm sido utilizados como venenos e na medicina tradicional. Alguns fitoquímicos são fitotoxinas conhecidas como tóxicas para os seres humanos (Shaw *et al.,* 2010), por exemplo, o ácido aristolóquico é cancerígeno em doses baixas (Halliwell *et al.,* 2007). Alguns fitoquímicos são anti-nutrientes que interferem com a absorção de nutrientes. Outros, como alguns polifenóis e flavonóides, podem ser pró-oxidantes em grandes quantidades ingeridas (Ikram *et al.,* 2015). As fibras dietéticas não digeríveis de alimentos vegetais, frequentemente consideradas como fitoquímicos (Slavin *et al.,* 2012), são agora geralmente consideradas como um grupo de nutrientes com alegações de saúde aprovadas para reduzir o risco de alguns tipos de cancro (Caceres *et al.,* 1991) e doenças coronárias (Nweze *et al.,* 2004). Na planta *Catharanthus roseus* estão presentes muitos fitocompostos, tais como proteínas, fenóis e esteróides, etc.

2.7 Propriedade Antioxidante:

As espécies reactivas de oxigénio (ERO) têm um papel benéfico em determinadas concentrações na fagocitose, apoptose e necrose. Quando a concentração de ROS aumenta para além de certos limites, danifica as biomoléculas como o ADN, o ARN, as proteínas, os lípidos, os hidratos de carbono e coloca problemas graves nos seres humanos (Keshari *et al.,* 2014). Nos seres humanos, são geradas várias ROS, como o radical hidroxilo, o superóxido e o peróxido de hidrogénio (Hoojimaijers *et al.,* 2012; Wu *et al.,* 2003; Halliwell *et al.,* 2000; Mozziconacci *et al.,* 2013). Os antioxidantes são as substâncias que neutralizam o efeito e a ação dos radicais livres. Nos seres humanos, estão presentes vários antioxidantes endógenos (superóxido dismutase (SOD), glutationa peroxidase, glutationa redutase, tioredoxina, vitamina E, vitamina C, carotenóides, flavonóides e polifenóis relacionados, ácido α-lipóico e glutationa) que protegem as biomoléculas das lesões causadas pelos radicais livres (Gulcin *et al.,* 2004; Rahal *et al.,* 2014). Está presente em fontes naturais, como folhas, frutos e raízes de várias plantas. O desequilíbrio entre a produção de radicais livres e de antioxidantes causa stress oxidativo (Rajnikanth *et al.,* 2013).

CAPÍTULO 3
MATERIAIS E MÉTODOS

III.   MATERIAIS E MÉTODOS

111.1 Materiais utilizados:

111.1.1   Reagentes:

$AgNO_3$, folhas de *Catharanthus roseus*, água desionizada, NaCl, NaOH, EDTA, cloreto férrico, ácido ascórbico, peróxido de hidrogénio, desoxirribose, ácido ticloroacético, ácido tiobarbitúrico, KH_2PO_4, K_2HPO_4, NaH_2PO_4, Na_2HPO_4, NADH e PMS.

111.1.2 Instrumentos:

> Máquinas de pesagem

> Micropipeta

> Placa de Petri de 11 cm de diâmetro

> Máquina centrífuga

> Aquecedor

> Agitador magnético

> Tubos de ensaio

> Papel de filtro Whatman

> Espectrofotómetro

> Forno de ar quente

> Frigorífico

3.2 Métodos:

3.2.1 Preparação do extrato da planta:

As folhas de *Catharanthus roseus* foram recolhidas do jardim hortícola da Universidade Banaras Hindu, Varanasi. As folhas foram secas numa estufa a 40^0 C durante 7 dias e transformadas em pó com a ajuda de um almofariz e de um pilão. Os extractos de folhas de diferentes concentrações (2%, 4%, 6%, 8%, 10%) foram preparados em água desionizada, fervendo durante 5-7 minutos e depois arrefecidos. As soluções foram depois centrifugadas a 3000 rpm durante 15 minutos, seguidas de filtração com papel de filtro Whatman n.º 1. 1. Os respectivos filtrados foram recolhidos e posteriormente utilizados (Marslin *et al.*, 2015).

3.3 Análise fitoquímica (qualitativa):

A análise foi efectuada utilizando métodos normalizados para várias amostras de Sadabahar (folhas, caule e raízes), erva-cidreira (folhas, flores), calêndula (folhas, flores e sementes), folhas de Tulsi e folhas de Bel (Yadav e Agarwala, 2011).

3.3.1 Estimativa das proteínas:

Aos extractos brutos de plantas, foram adicionados cuidadosamente 2 ml de solução de ninidrina a 0,2% e a mistura foi fervida durante alguns minutos. O aparecimento de uma cor violeta confirma a presença de proteínas na solução.

3.3.2 Estimativa dos hidratos de carbono:

Ao extrato bruto das amostras de plantas, foram adicionados 2 ml de reagente de Molisch, agitados vigorosamente. Em seguida, adicionou-se 2 ml de H_2SO_4 conc. O aparecimento de um anel violeta na interface confirma a presença de hidratos de carbono.

3.3.3 Estimativa do amido:

Aos extractos brutos de plantas, foram adicionados 2 ml de solução de iodo. O aparecimento de cor azul/violeta indica a presença de amido na amostra.

3.3.4 Estimativa de fenóis/ taninos:

Ao extrato bruto da planta, foram adicionados 2 ml de solução de $FeCl_3$ a 2%. O aparecimento de uma cor azul-esverdeada ou preta indica a presença de fenóis e taninos.

3.3.5 Estimativa dos flavonóides :

Ao extrato bruto da planta, foram adicionados 2 ml de NaOH a 2%, o que dá uma cor amarela intensa. Adicionou-se-lhe HCl diluído. A viragem da solução para incolor ao adicionar HCl diluído indica a presença de flavonóides. HCl diluído indica a presença de flavonóides.

3.3.6 Estimativa das saponinas:

Ao extrato bruto da planta, foram adicionados 5 ml de água destilada e agitados vigorosamente. A formação de uma espuma estável indica a presença de saponinas.

3.3.7 Estimativa dos glicosídeos:

Ao extrato bruto, foram adicionados 5 ml de ácido acético glacial. A este, foram adicionadas 1-2 gotas de FeCl3 a 2% e, em seguida, 2 ml de H2SO4 conc. A formação de um anel castanho na interfase indica a presença de glicosídeos cardíacos.

3.3.8 Estimativa de esteróides:

Ao extrato bruto da planta, foram adicionados 2 ml de clorofórmio. A este, foram adicionados 2 ml de H2SO4 conc. e 2 ml de ácido acético. O aparecimento de uma cor esverdeada indica a presença de esteróides.

3.3.9 Estimativa de terpenóides:

A 2 ml de extrato bruto da planta, foram adicionados 2 ml de clorofórmio e 1,5 ml de H2SO4 conc. O aparecimento de uma cor castanha-avermelhada indica a presença de terpenóides.

3.3.10 Estimativa de quinonas:

O extrato bruto da planta foi misturado com 2 ml de NaOH. O aparecimento de uma cor azul-verde ou vermelha indica a presença de quininas.

3.3.11 Estimativa dos flobataninos:

Ao extrato bruto da planta, foi adicionado 1% de HCl e fervido. O aparecimento de um precipitado vermelho indica a presença de flobataninos.

3.3.12 **Estimativa de alcalóides:**

0,2 g de amostra de planta foi agitada com 3 ml de hexano e filtrada. Adicionou-se 5 ml de HCl a 2% e aqueceu-se. De seguida, adicionaram-se algumas gotas de ácido pícrico. A formação de um precipitado de cor amarela indica a presença de alcalóides.

3.4 **Preparação da solução-mãe de AgNO3:**

A solução-mãe de AgNO3 a 50 mM foi preparada dissolvendo 849 mg de AgNO3 num volume mínimo de água desionizada e, em seguida, o volume final foi aumentado para 100 ml com H_2O desionizada. Além disso, o AgNO3 de diferentes concentrações foi preparado por diluição da solução-mãe de AgNO3 a 50 mM (Marslin *et al.*, 2015).

3.5 **Síntese verde de nanopartículas de prata :**

3.5.1 **Padronização de AgNO3 utilizando extrato de folhas a 5%:**

Utilizando 5% de extrato de folha, foi padronizada uma solução de AgNO3 com diferentes concentrações molares, *ou seja,* 0,5 mM, 1 mM, 2 mM, 3 mM e 4 mM de AgNO3. As alterações de cor indicam a redução de AgNO3 pelo extrato de folha e a formação de nanopartículas de prata. 9,5 ml de AgNO3 1mM foram colocados em diferentes tubos de ensaio e 0,5 ml de extrato de folhas a 5% foram adicionados a cada tubo de ensaio e a absorvância (O.D.) foi registada utilizando o espetrofotómetro UV-Visível na gama de 300nm-700nm em intervalos de tempo regulares (0 h, 30 min, 1 h, 2 h, 3 h e 4 h). Os melhores resultados foram observados com uma solução de AgNO3 a 1 mM (Marslin *et al.*, 2015).

3.5.2 **Padronização de extractos de folhas utilizando AgO3 1mM:**

0,5 ml de extrato de folha, cada um com uma concentração diferente (p/v), *ou seja,* 2%, 4%, 6% e 8%, foi misturado com 9,5 ml de AgNO3 1mM e a análise espetral foi realizada utilizando um espetrofotómetro na gama de comprimentos de onda de 300-700nm, de forma dependente do tempo, a intervalos regulares (0 h, 30 min, 1 h, 2 h, 3 h e 4 h). As alterações de cor indicam a redução de AgNO3 pelo extrato de folhas e a formação de nanopartículas de prata. O extrato de folhas a 2% apresentou o melhor pico de absorção no espetrofotómetro UV-Visível (Marslin *et al.*, 2015).

3.5.3 Extração de nanopartículas de prata:

Foram preparadas soluções de 250 ml de diferentes concentrações, colocando 15 ml de extrato de folhas com concentrações de 2%, 4%, 6% e 8% em cada copo e adicionando 235 ml de AgNO3 1 mM a cada copo. A solução foi mantida durante 2 dias e depois centrifugada. O sobrenadante foi recolhido e seco na estufa. Após alguns dias de secagem completa, as nanopartículas foram cuidadosamente extraídas e depois armazenadas em eppendorfs. Além disso, as nanopartículas obtidas foram utilizadas para análise SEM e TEM (Marslin *et al.*, 2015).

3.6 Caracterização de nanopartículas:

Os seguintes instrumentos foram utilizados para caraterizar as nanopartículas de prata verde:

> Espectrofotómetro UV-Vis

> Difração de raios X

> Microscopia Eletrónica de Transmissão

> Microscopia Eletrónica de Varrimento

> Espectroscopia de infravermelhos com transformada de Fourier

3.6.1 Análise UV-Vis:

A propriedade ótica das AgNPs foi determinada por espetrofotómetro UV-Vis (Perkin-Elmer, Lamda 35, Alemanha). Após a adição de AgNO3 ao extrato de planta, os espectros foram obtidos em diferentes intervalos de tempo até 24 horas, entre 350 nm e 500 nm. Em seguida, o espetro foi obtido após 24 horas de adição de AgNO3.

Fig: 3.1 : Espectrofotómetro UV-Vis

3.6.2 Difractómetro de raios X (XRD):

O XRD foi efectuado para verificar a natureza das AgNPs. Os gráficos de XRD foram obtidos por (Bruker Advanced D8, Eco) utilizando radiação Cu Kα (λ = 1,5418 A) num ângulo de 2θ. As AgNPs em pó foram colocadas no suporte da amostra e digitalizadas a uma taxa de 1° por minuto de 30° a 70°.

Fig 3.2: Difractómetro de raios X

3.6.3 Microscópio eletrónico de transmissão (TEM):

A Microscopia Eletrónica de Transmissão oferece a resolução mais elevada que podemos alcançar. Este método ajuda-nos a observar o tamanho das partículas de um material em nanodimensão e a estudar meticulosamente a estrutura cristalina. Num Microscópio Eletrónico de Transmissão de Alta Resolução (TEM), uma amostra fina ou espécime é irradiada com um feixe de electrões de alta energia (normalmente na gama de 100-200 keV). O feixe é fortemente focado por lentes magnéticas. As primeiras lentes antes da amostra permitem variar a abertura de iluminação e o tamanho da área iluminada.

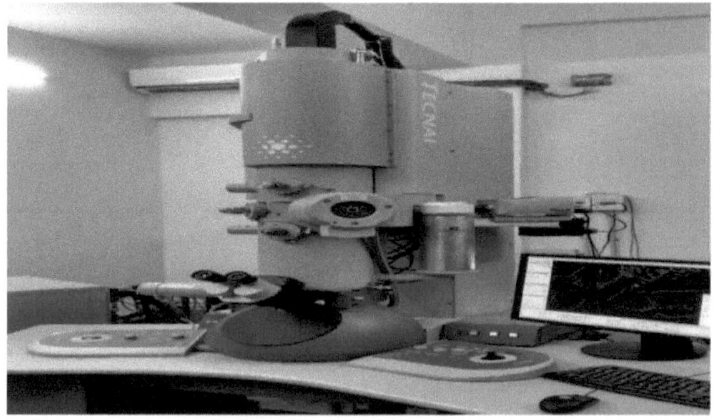

Fig 3.3 : Microscopia eletrónica de transmissão

3.6.4 Microscópio eletrónico de varrimento (SEM):

O Microscópio Eletrónico de Varrimento (SEM) é uma técnica de microscopia utilizada na análise do tamanho das nanopartículas. As imagens foram obtidas em vácuo reduzido, utilizando o detetor de hélice. O SEM (JEOL-MODEL 6390) utilizou grelhas que foram preparadas colocando uma pequena quantidade de pó de amostra numa grelha revestida de cobre e secando sob uma lâmpada. Esta análise foi efectuada com uma tensão de aceleração de 5-10 KeV.

Fig: 3.4: Microscopia eletrónica de varrimento

3.6.5 Infravermelhos de transmissão de Fourier (FTIR):

Os possíveis grupos funcionais de fitoquímicos no extrato de plantas envolvidos na síntese de nanopartículas são identificados por análise FTIR. A composição química das nanopartículas de prata sintetizadas foi estudada utilizando o espetrómetro FTIR (Perkin-Elmer LS-55- Luminescence spectrometer). As soluções foram secas a 75^0 C e os pós secos foram caracterizados na gama 4000-400 cm^{-1} utilizando KBr.

Fig: 3.5: Espectroscopia de infravermelhos com transformada de Fourier

3.7 Propriedade Antioxidante:

3.7.1 Método do 2, 2-difenil-1-picrilhidrazil (DPPH):

A atividade de eliminação de radicais livres de *C. roseus*, Vitamina C foi determinada com a ajuda do radical estável DPPH em termos de átomo de hidrogênio ou elétron ou atividade de eliminação de radicais. 1 ml de diferentes frações em diferentes concentrações de folhas em pó (25-500 µg/ml em etanol) foi misturado com 4 ml de solução DPPH (0,004% em metanol). Incubar à temperatura ambiente durante 30 minutos e a absorvância foi determinada a 517 nm utilizando o espetrofotómetro UV- VIS contra o branco. A diminuição da absorvância da amostra indica uma maior atividade de eliminação de radicais livres. A vitamina C foi utilizada como padrão, enquanto o metanol foi utilizado como solução em branco (Keshari *et al.*, 2017).

$$\text{Percentage scavenging} = \frac{OD\ (control) - OD\ (sample)}{OD\ (control)} \times 100$$

3.7.2 Atividade de eliminação de peróxido de hidrogénio (H_2O_2):

Foi preparada uma solução de H2O2 a 2 mM em tampão fosfato (50 mM, pH= 7,4). 100 µl de diferentes concentrações (25- 250 µg/ml em tampão fosfato 50 mM, pH= 7,4) de solução de *C. roseus* foram adicionados a 300 µl de tampão fosfato (50 mM, pH= 7,4). Foram adicionados 600 µl de soluções de H2O2 e a mistura foi agitada em vórtice. A absorvância foi determinada a 230 nm em relação ao branco utilizando o espetrofotómetro UV- Vis após 10 minutos. A vitamina C foi utilizada como padrão e o tampão fosfato (50 mM, pH= 7,4) foi utilizado como branco (Keshari *et al.*, 2017).

3.7.3 Atividade de eliminação do radical hidroxilo (OH⁻):

Foram misturados 75 µl de solução *de C. roseus* (50-250 iig/ml em metanol), 450 µl de tampão de fosfato de sódio (200 mM, pH= 7,0), 150 µl de 2- desoxirribose (10 mM), 150 µl de FeSO4-EDTA (10 mM), 150 il H2O2 (10 mM) e 525 il de água destilada. Esta mistura foi incubada a 37°C durante 4 horas. A reação foi interrompida pela adição de 750 il de ácido tricloroacético (2,8%) e 750 il de TBA (1% em solução de NaOH 50 mM). A mistura foi colocada num banho de água a ferver durante 10 minutos e arrefecida com água da torneira. A absorvância da solução foi determinada a 520 nm. A vitamina C foi utilizada como padrão, enquanto o metanol foi utilizado como branco (Khan *et al.*, 2010).

3.7.4 Atividade de eliminação do radical superóxido (O^{2-}):

Os radicais superóxido são gerados no sistema Nicotinamida adenina dinucleótido (NADH)-fenazinemethosulfato (PMS) por oxidação do NADH e foi determinado pela redução do Nitro Blue tetrazolium (NBT). Foram misturados 200 µl de *C. roseus* (100-500 µg/ml em metanol), 1 ml de tampão Tris- HCl 16 mM (pH= 8), 1 ml de NBT 50 µM, 1 ml de NADH 78 µM e 1 ml de solução de PMS 10 µM. A mistura de reação foi mantida a 25°C durante 5 min. A absorvância foi determinada a 560 nm utilizando o espetrofotómetro UV- VIS (Keshari *et al.*, 2017). A vitamina C foi utilizada como antioxidante padrão.

3.7.5 Ensaio de redução da potência:

Após a adição do tampão fosfato, adicionou-se ferricianeto de potássio e a mistura de reação foi incubada durante 20 minutos num banho de água a 50^0 C e adicionou-se ácido tricloroacético após 20 minutos de incubação e a mistura de reação foi centrifugada durante 10 minutos a 3000 rpm. O sobrenadante foi recolhido e foi adicionada água desionizada e FeC13 e a absorvância a 700 nm foi medida em relação à amostra em branco. A absorvância da mistura de reação aumentou, o que indicou o aumento da atividade antioxidante (Nishikimi *et al.*, 1972).

CAPÍTULO 4
RESULTADOS

IV. RESULTADOS

4.1: Formação de nanopartículas de prata:

Quando o extrato de folhas de *Catharanthus roseus* foi misturado com AgNO3 (1 mM), a cor da mistura de reação mudou de amarelo pálido para castanho-avermelhado escuro em poucas horas (Fig. 1). A análise espetral determinou a presença de λmax a 442 nm, o que indicou a formação de nanopartículas de prata (Fig. 2).

Fig. 4a: Alterações de cor da solução antes (A) e depois (B) da síntese de nanopartículas de prata.

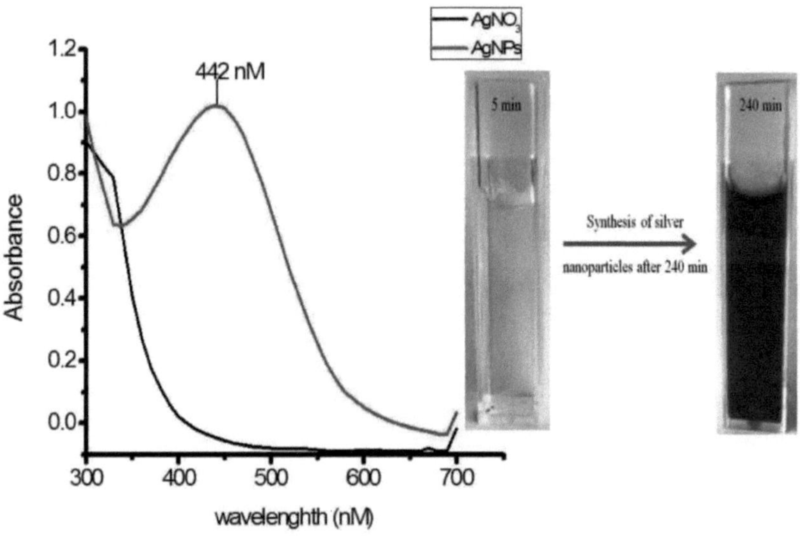

Fig. 4b: Análise espectroscópica da formação de nanopartículas de prata

Quando a solução de AgNO3 foi misturada com o extrato de *Catharanthus roseus*, iniciou-se a formação de AgNPs, que foi observada visualmente pelo desenvolvimento de uma cor castanha avermelhada. Foram utilizadas diferentes concentrações de extrato de *Catharanthus roseus* e AgNO3 para a síntese de AgNPs à temperatura ambiente, mas os resultados de 2% de extrato de *Catharanthus roseus* e 1mM AgNO3 após 240 min expressaram os perfis de reação ideais para a formação de AgNPs. Além disso, este foi selecionado para caraterização e aplicação (Fig.4 b).

4.2: Análise fitoquímica

Tabela 4.1: Análise fitoquímica dos extractos de plantas (Qualitativa)

	Sadabahar			Lemon grass			Marigold			Tulsi	Bel
	Leaf	Stem	Root	Leaf	Flower	Stem	Leaf	Flower	Seed	Leaf	Leaf
Proteins	+	+	+	+	+	+	+	+	+	+	+
Carbohydrate	+	+	+	+	+	+	+	+	+	+	+
Starch	-	-	-	-	-	-	-	-	-	-	-
Phenol	+	+	-	+	+	-	+	+	+	+	+
Flavonoid	-	-	+	+	+	+	-	-	-	+	-
Saponins	-	+	+	+	-	-	-	+	-	+	-
Glycoside	-	+	-	+	+	+	+	+	+	+	+
Steroids	-	+	-	-	-	-	+	-	-	-	-
Terpenoid	-	+	-	+	+	+	+	+	+	+	+
Quinones	-	+	-	-	-	-	+	+	+	-	+
Phlobatanins	-	-	-	-	-	-	-	-	-	-	-
Alkaloids	+	+	+	-	-	-	+	-	+	+	-

O teste qualitativo do extrato da planta confirmou a presença de fitocompostos. Na maioria dos extractos de plantas, os compostos bioactivos, tais como proteínas, hidratos de carbono, fenóis, flavonóides, saponinas, glicosídeos, esteróides, terpenóides, quininas e alcalóides estavam presentes, mas o amido e as babataninas estavam ausentes nas folhas, flores e raízes de todas as plantas (Quadro 4.1).

4.3: XRD (Difractómetro de raios X):

Estes picos de Bragg acentuados podem ter resultado da formação da natureza cristalina das nanopartículas de prata, o que foi confirmado pelos picos com valores de 2θ° de 38,06, 44,23 e 67,43, que representam os planos (111), (200) e (220), respetivamente. Estes planos confirmaram que as nanopartículas de prata sintetizadas eram de natureza cristalina (Fig. 4c).

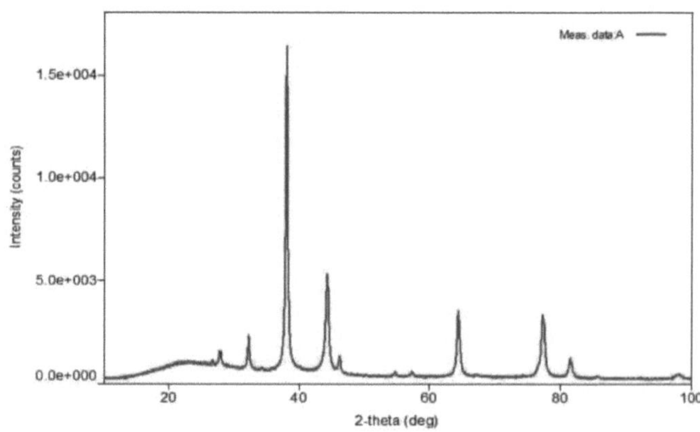

Fig. 4c- Gráfico que representa a natureza cristalina das nanopartículas de prata

4.4: Micrografia eletrónica de transmissão (TEM) e radiografia de dispersão de energia (EDX):

Os resultados do TEM indicaram que as nanopartículas de prata sintetizadas a verde tinham formas variáveis, sendo a maior parte delas esféricas e algumas tinham uma forma oval com um diâmetro que variava entre 16-35 nm (Fig. 4d). A Fig. 4e mostra o padrão de difração que confirma a formação de nanopartículas metálicas. Um espetro de raios X dispersivos de energia (EDX) (Fig. 4f) representou o padrão EDX das AgNPs. O aparecimento de picos intensos perto de 3 KeV determinou a posição da prata elementar devido à ressonância de Plasmon de superfície localizada. A análise por EDX confirmou a presença de nanopartículas de prata elementar e alguns sinais de cobre que foram obtidos devido às grelhas de cobre (Fig. 4f).

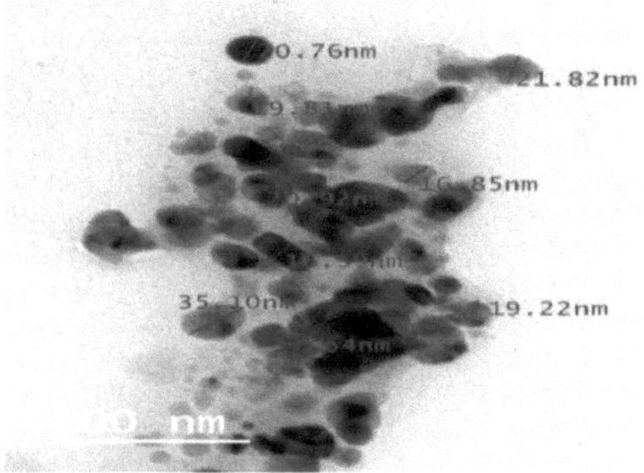

Fig. 4d: - Os resultados do TEM mostram que o tamanho das nanopartículas de prata é esférico e algumas têm forma oval.

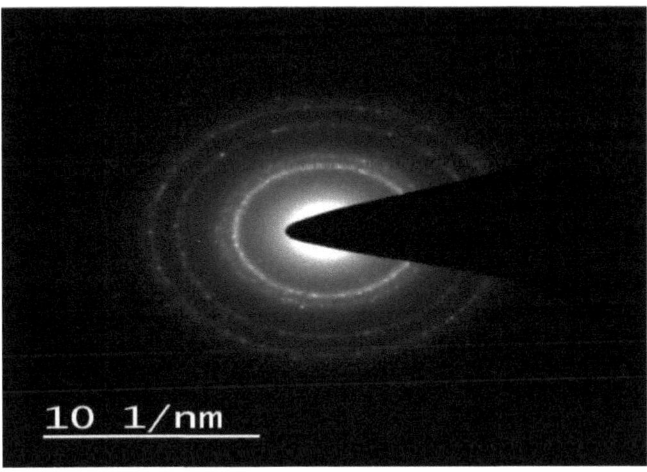

Fig. 4e: A imagem indica que o padrão de difração confirmou a formação de nanopartículas metálicas.

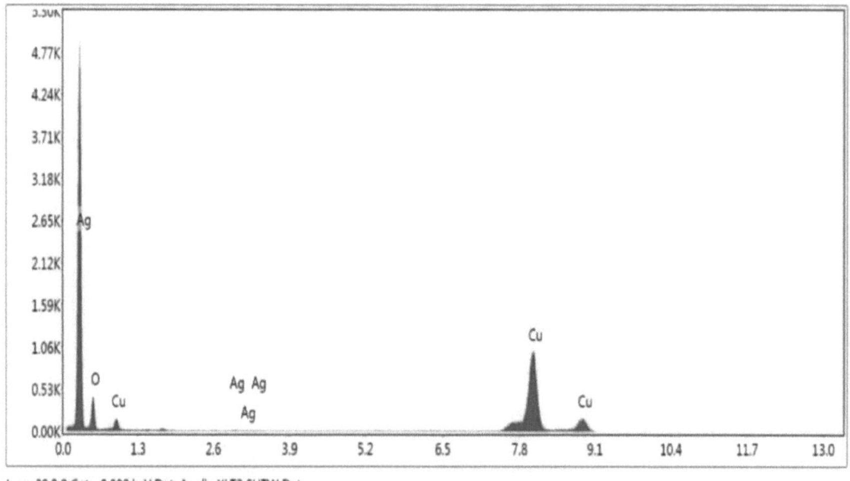

Fig. 4f - Formação de nanopartículas de prata elementar confirmada por EDX

4.5: SEM (Microscópio Eletrónico de Varrimento):

As características morfológicas das nanopartículas de prata sintetizadas foram estudadas por análise SEM, como se mostra na fig-4g (abaixo). A análise SEM sugeriu que a maioria das partículas tem uma forma esférica. Os resultados do SEM indicaram a formação de nanopartículas de prata de tamanho variável, que varia entre 16 e 35 nm, com a maioria delas a atingir o tamanho de 20 nm (Fig. 4g).

4.6: Infravermelho com transformada de Fourier (FTIR):

Este método foi utilizado para determinar os grupos funcionais nas nanopartículas de prata. Os resultados das nanopartículas de prata sintetizadas a verde foram estudados por FTIR, que indicou claramente a localização dos picos de absorção em 2917, 1656,9, 1540,4, 1255,9, 1028,8, 815,2, 696,5 cm^{-1}. A banda a 2917 indica a formação de estiramento O-H correspondente a ácido carboxílico, 1656,9 estiramento para -C=C- correspondente a alcenos e 1540,4 estiramento para N-O correspondente a composto nitro (Fig. 4h).

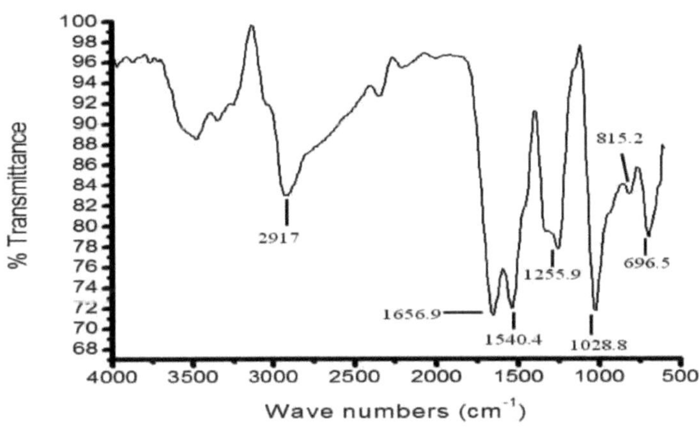

Fig. 4h - Resultado de FTIR que confirma a presença de grupos funcionais nas nanopartículas de prata.

4.7: Propriedade antioxidante:

Os resultados do DPPH confirmaram que o extrato (100μg/ml), as nanopartículas de prata (100μg/ml) e a vitamina C (100μg/ml) têm propriedades antioxidantes. O extrato (49,05%) tem maior propriedade antioxidante em comparação com as nanopartículas de prata (47,41%), mas ambos têm menos propriedade antioxidante quando comparados com a vitamina C (58,45%). Os resultados da eliminação do peróxido de hidrogénio confirmaram que a vitamina C (66,66%) tem maior capacidade de eliminação do peróxido de hidrogénio em comparação com as nanopartículas de prata (60,66%), enquanto o extrato tem menor atividade (33,33%). Os resultados da eliminação de radicais hidroxilo confirmaram que o extrato tem uma maior eliminação de radicais hidroxilo (92,3%) em comparação com as nanopartículas de prata (74,72%) e a menor atividade foi observada na vitamina C (65,93%). Os resultados da atividade de eliminação de superóxido provaram que o extrato (53,48%) tem uma menor atividade de eliminação de superóxido em comparação com as nanopartículas de prata (54,81%) e a vitamina C (59,46%) (Fig. 4i).

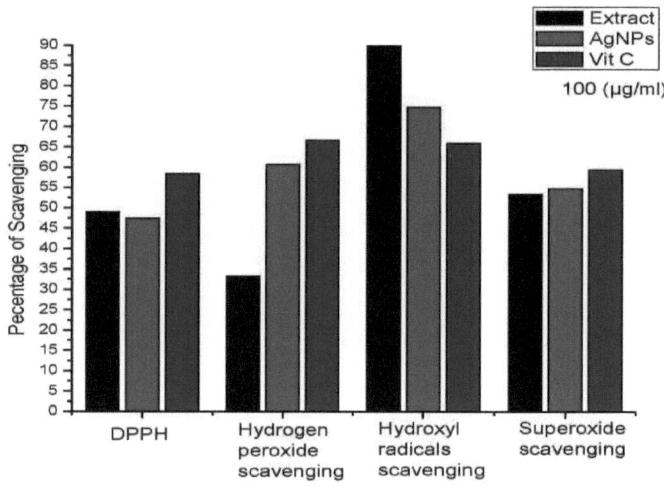

Fig. 4i: O gráfico representa a atividade antioxidante do extrato, das nanopartículas de prata e da vitamina C.

4.8: Ensaio de poder redutor:

Os resultados confirmaram que o extrato, as nanopartículas de prata e a vitamina C têm propriedades antioxidantes, o que foi confirmado pelo ensaio de poder redutor. A absorvância do extrato, das nanopartículas de prata e da vitamina C aumentou quando a concentração de cada amostra foi aumentada.

CAPÍTULO 5
DEBATE

V. DISCUSSÃO

No domínio emergente da nanotecnologia, a formação de nanopartículas utilizando materiais biológicos como agentes redutores está a receber mais atenção, especialmente na última década. O trabalho de investigação debruçou-se principalmente sobre a síntese de nanopartículas de prata através da redução de uma solução de AgNO3 utilizando o extrato de folhas da planta *Catharanthus roseus*. O progresso e a conclusão da reação foram indicados pela mudança de cor da solução de amarelo pálido para castanho avermelhado devido à redução dos iões de prata em partículas de prata (Ag^+ para Ag^0). Os fitoquímicos como os hidratos de carbono, as proteínas, os alcalóides, os fenóis, etc., presentes no extrato da folha foram os principais responsáveis pela redução da solução (Jha *et al.*, 2009).

Os principais constituintes necessários para a síntese ecológica de AgNPs são uma solução de iões de prata metálica e um agente biológico redutor. Na maioria dos casos, os agentes redutores ou outros constituintes presentes nas células actuam como agentes de estabilização e de capeamento, pelo que não há necessidade de quaisquer agentes de capeamento e de estabilização adicionais provenientes do exterior. Metabolitos como as proteínas (Elumalai *et al.*, 2014) e a clorofila (Shankar *et al.*, 2003), presentes nos extractos de plantas, actuam como agentes de cobertura para as AgNPs sintetizadas. As nanopartículas foram caracterizadas principalmente por espetrofotómetro UV-Vis, que mostrou um pico de λ_{max} a 442 nm, o que indicou a formação de nanopartículas de prata. Além disso, a caraterização efectuada por TEM revelou que as nanopartículas sintetizadas eram principalmente esféricas, sendo algumas delas ovais (fig. 4d).

Os resultados do SEM mostraram que o tamanho das nanopartículas se situava no intervalo de 16-35 nm (fig. 4g). Além disso, os resultados de EDX confirmaram que as nanopartículas sintetizadas eram de prata metálica (fig. 4f). No entanto, as experiências realizadas mostraram que as nanopartículas formadas estavam na gama de 35-55 nm (Ponarulselvum *et al.*, 2012).

Na análise XRD, os nossos resultados mostraram um padrão XRD com picos intensos a 2θ° de 38,06, 44,23 e 67,43, que representam os planos (111), (200) e (220), respetivamente (fig. 4c). Este facto confirmou a natureza cristalina das nanopartículas de prata formadas. Resultados semelhantes foram obtidos por Senthilkumar *et al.,* 2017, onde seu padrão XRD mostrou picos intensos em 38,07 °, 44,26 °, 64,41 °, 77,36 °, que podem ser índices dos valores dos ângulos de (111), (200), (220) e (240), respetivamente para planos cristalinos de nano prata. Além disso, a análise XRD efectuada por Ponarulselvum *et al.,* 2012, mostrou que as partículas eram de natureza cristalina com uma estrutura cúbica centrada na face da prata a granel com picos largos a 32,4, 46,4 e 28,0.

Foram efectuadas medições de FTIR para identificar as biomoléculas para a cobertura e estabilização eficiente das nanopartículas metálicas sintetizadas. Os resultados FTIR da nossa experiência indicaram claramente a localização dos picos de absorção em 2917, 1656,9, 1540,4, 1255,9, 1028,8, 815,2 e 696,5 cm^{-1} (Fig. 4h). A banda a 2917 indica a formação de estiramento O-H correspondente a ácido carboxílico, 1656,9 estiramento para -C=C- correspondente a alcenos e 1540,4 estiramento para NO correspondente a composto nitro. Este resultado encontra semelhança com os resultados obtidos por Senthilkumar *et al.,* 2017, cuja análise FTIR deu possíveis interações de AgNPs com diferentes grupos funcionais e o espetro resultante mostrou a presença de diferentes grupos funcionais em várias posições, o que também confirmou que a bio-redução de iões de prata a AgNPs por material de cobertura de extrato vegetal. Os seus espectros tinham picos máximos a 885,16 cm^{-1} , 3002,99 cm^{-1} , indicando a presença de ligações de estiramento C-O, grupo C=C.

A atividade de eliminação de radicais livres das nanopartículas de prata sintetizadas de *C. roseus* foi estudada pela sua capacidade de reduzir o DPPH, que é um radical livre estável. Qualquer molécula que possa doar um eletrão ou hidrogénio ao DPPH pode reagir com ele e, assim, branquear a absorção de DPPH. Quando o DPPH aceita um eletrão doado por um composto antioxidante, o DPPH é descolorado, o que pode ser medido quantitativamente por alterações na absorvância. Neste relatório de DPPH, o extrato tem uma maior propriedade antioxidante em comparação com as nanopartículas de prata, mas ambas têm uma menor propriedade antioxidante quando comparadas com a vitamina C. Verificou-se que a síntese de nanopartículas de prata tem uma capacidade antioxidante total muito elevada em comparação com o extrato aquoso de folhas de *C. roseus* (Fig. 4i). As nanopartículas sintetizadas exibiram o potencial indesejável de atuar como sequestradores de radicais livres, para DPPH, peróxido de hidrogénio e inibição de superóxido comparável ao ácido ascórbico, que são sequestradores de radicais livres conhecidos.

CAPÍTULO 6
CONCLUSÃO

VI. CONCLUSÃO

Em conclusão, o extrato de folhas de *C. roseus* é uma excelente fonte para a síntese de AgNPs. Demonstra um forte potencial para a síntese de nanopartículas de prata através da redução rápida de iões de prata (Ag^+ para Ag^0). Trata-se de um método ecológico, económico e muito simples de produzir. Foram sintetizadas nanopartículas de prata de tamanho variável utilizando *Catharanthus roseus,* variando de 16 a 35 nm, tamanho; nanopartículas de forma esférica. As nanopartículas de prata sintetizadas foram caracterizadas utilizando o espetrofotómetro UV-Vis, SEM, TEM, EDX, FTIR, XRD, etc. Todas estas técnicas provaram que a concentração do extrato da planta e a relação do ião metálico desempenham um papel importante na determinação da forma das nanopartículas. Além disso, a propriedade antioxidante foi determinada por atividade antioxidante como DPPH, eliminação de peróxido de hidrogénio, eliminação de radicais hidroxilo, eliminação de superóxido e ensaio de poder redutor, devido à sua eficácia antioxidante significativa, pode ter aplicações potenciais no domínio da biomedicina. Por último, pode ser alargado à produção em grande escala de AgNPs para utilização comercial de produtos de valor acrescentado para indústrias baseadas na biomedicina/nanotecnologia.

CAPÍTULO 7
REFERÊNCIAS

VII. REFERÊNCIAS

Ahmad, A., Mukherjee, P., Senapati, S., Mandal, D., Khan, M. I., Kumar, R., e Sastry, M. (2003). Biossíntese extracelular de nanopartículas de prata utilizando o fungo Fusarium oxysporum. *Colloids and surfaces B: Biointerfaces*, *28* (4), 313-318.

Alghuthaymi, M. A., Almoammar, H., Rai, M., Said-Galiev, E., e Abd-Elsalam, K. A. (2015). Miconanopartículas: síntese e seu papel na gestão de fitopatógenos. *Biotecnologia e Equipamentos Biotecnológicos*, *29*(2), 221-236.

Ankamwar, B., Damle, C., Ahmad, A., e Sastry, M. (2005). Biossíntese de nanopartículas de ouro e prata utilizando o extrato de frutos de Emblica officinalis, a sua transferência de fase e transmetalação numa solução orgânica. *Journal of nanoscience and nanotechnology*, *5*(10), 1665-1671.

Apel, K., e Hirt, H. (2004). Reactive oxygen species: metabolism, oxidative stress, and signal transduction. *Annu. Rev. Plant Biol.*, *55*, 373-399.

Aromal, S. A., e Philip, D. (2012). Síntese verde de nanopartículas de ouro usando Trigonellafoenum-graecum e sua catalítica   dependente do tamanho atividade. *Spectrochimica Ata Parte A: Espectroscopia Molecular e Biomolecular*, *97*, 1-5.

Baban, D. F., e Seymour, L. W. (1998). Controlo da permeabilidade vascular dos tumores. *Advanced drug delivery reviews*, *34*(1), 109-119.

Balaji, D. S., Basavaraja, S., Deshpande, R., Mahesh, D. B., Prabhakar, B. K., e Venkataraman, A. (2009). Biossíntese extracelular de nanopartículas de prata funcionalizadas por estirpes do fungo Cladosporium cladosporioides. *Colloids and surfaces B: biointerfaces*, *68*(1), 88-92.

Bar, H., Bhui, D. K., Sahoo, G. P., Sarkar, P., De, S. P., e Misra, A. (2009). Síntese ecológica de nanopartículas de prata utilizando látex de Jatropha curcas. *Colloids and surfaces A: Physicochemical and engineering aspects*, *339*(1),

134-139.

Baxter, H., Harborne, J. B., e Moss, G. P. (Eds.). (1998). *Phytochemical dictionary: a handbook of bioactive compounds from plants*. CRC press.

Bhainsa, K. C., e D'souza, S. F. (2006). Biossíntese extracelular de nanopartículas de prata utilizando o fungo Aspergillus fumigatus. *Colloids and surfaces B: Biointerfaces*, *47*(2), 160-164.

Bogunia-Kubik, K., e Sugisaka, M. (2002). Da biologia molecular à nanotecnologia e à nanomedicina. *Biosystems*, *65*(2), 123-138.

Caceres, A., Lopez, B. R., Giron, M. A., e Logemann, H. (1991). Plantas utilizadas na Guatemala para o tratamento de infecções dermatofíticas. 1. Triagem da atividade antimicótica de 44 extractos de plantas. *Journal of ethnopharmacology*, *31*(3), 263-276.

Ccylan, A., Jastrzembski, K., e Shah, S. I. (2006). Nanopartículas Ag-Cu de solubilidade melhorada e suas propriedades de transporte térmico. *Transacções Metalúrgicas e de Materiais A*, *37*(7), 2033-2038.

Chandran, S. P., Chaudhary, M., Pasricha, R., Ahmad, A., & Sastry, M. (2006). Síntese de nanotriângulos de ouro e nanopartículas de prata utilizando extrato de planta de Aloevera. *Biotechnology progress*, *22*(2), 577-583.

Daniel, M. C., e Astruc, D. (2004). Gold nanoparticles: assembly, supramolecular chemistry, quantum-size-related properties, and applications towards biology, catalysis, and nanotechnology. *Chemical Reviews*, *104*(1), 293-346.

Drake, P. L., e Hazelwood, K. J. (2005). Efeitos da prata e dos compostos de prata na saúde relacionados com a exposição: uma revisão. *Annals of Occupational Hygiene*, *49*(7), 575-585.

Duran, N., Marcato, P. D., Alves, O. L., De Souza, G. I., & Esposito, E. (2005). Aspectos mecanísticos da biossíntese de nanopartículas de prata por diversas cepas de Fusarium oxysporum. *Revista de nanobiotecnologia, 3* (1), 8.

Evanoff, D. D., e Chumanov, G. (2004). Síntese de nanopartículas com controlo de tamanho. 2. Medição das secções transversais de extinção, dispersão e absorção. *The Journal of Physical Chemistry B, 108*(37), 1395713962.

Elumalai, E.K., Kayalvizhi, K. e Silvan, S. (2014) Síntese verde de nanopartículas de prata assistida por água de coco. *Journal of Pharmacy & Bioallied Sciences, 6*, 241-245.

Facchini, P. J. (2001). Alkaloid biosynthesis in plants: biochemistry, cell biology, molecular regulation, and metabolic engineering applications. *Revisão anual da biologia vegetal, 52*(1), 29-66.

Fan, T. X., Chow, S. K., e Zhang, D. (2009). Biomorphic mineralization: from biology to materials (Mineralização biomórfica: da biologia aos materiais). *Progresso em Ciência dos Materiais, 54*(5), 542-659.

Gong, P., Li, H., He, X., Wang, K., Hu, J., Tan, W., ... e Yang, X. (2007). Preparação e atividade antibacteriana atividade antibacteriana de Fe3O4@ Ag nanopartículas. *Nanotecnologia, 18*(28), 285604.

Gul gin, I., Kufrevioglu, O. i., Oktay, M., e Buyukokuroglu, M. E. (2004). Actividades antioxidante, antimicrobiana, antiulcerosa e analgésica da urtiga (Urtica dioica L.). *Jornal de etnofarmacologia, 90*(2), 205-215.

Haefeli, C., Franklin, C. H. R. I. S. T. O. P. H. E. R., e Hardy, K. (1984). Resistência à prata determinada por plasmídeo em Pseudomonas stutzeri isolada de uma mina de prata. *Journal of bacteriology, 158*(1), 389-392.

Halliwell, B. (2007). Dietary polyphenols: good, bad, or indifferent for your health? *Cardiovascular research, 73*(2), 341-347.

Halliwell, B., Clement, M. V., e Long, L. H. (2000). Hydrogen peroxide in the human body (Peróxido de hidrogénio no corpo humano). *FEBS letters*, *486*(1), 10-13

Hooijmaijers, C., Rhee, J. Y., Kwak, K. J., Chung, G. C., Horie, T., Katsuhara, M., e Kang, H. (2012). Permeabilidade ao peróxido de hidrogénio das aquaporinas da membrana plasmática de Arabidopsis thaliana. *Journal of plant research*, *125*(1), 147-153.

Husseiny, M. I., El-Aziz, M. A., Badr, Y., e Mahmoud, M. A. (2007). Biossíntese de nanopartículas de ouro utilizando Pseudomonas aeruginosa. *Spectrochimica Ata Parte A: Espectroscopia Molecular e Biomolecular*, *67*(3), 1003-1006.

Huxley,A., ed. (1992). *Novo Dicionário RHS de Jardinagem.* Macmillan ISBN 0333-47494-5

Ikram, E. H. K., Stanley, R., Netzel, M., e Fanning, K. (2015). Fitoquímicos de mamão e seus usos tradicionais de saúde e culinária - uma revisão. *Jornal de Composição e Análise de Alimentos*, *41*, 201-211.

Iravani, S., Korbekandi, H., Mirmohammadi, S. V., e Zolfaghari, B. (2014). Síntese de nanopartículas de prata: métodos químicos, físicos e biológicos. *Investigação em ciências farmacêuticas*, *9*(6), 385.

Iravani, S. (2011). Síntese verde de nanopartículas metálicas usando plantas. *Química Verde*, *13*(10), 2638-2650.

Iwasaki, S. (1998). Compostos orgânicos naturais que afectam as funções dos microtúbulos. *Yakugaku zasshi: Jornal da Sociedade Farmacêutica do Japão*, *118* (1), 112 126.

Jayaseelan, C., Rahuman, A. A., Kirthi, A. V., Marimuthu, S., Santhoshkumar, T., Bagavan e Rao, K. B. (2012). Nova rota microbiana para sintetizar nanopartículas de ZnO usando Aeromonas hydrophila e sua atividade contra bactérias e fungos patogênicos. *Spectrochimica Ata Parte A: Espectroscopia Molecular e Biomolecular*, *90*, 78-84.

Jha, A. K., e Prasad, K. (2010). Síntese verde de nanopartículas de prata usando folha de Cycas. *Jornal Internacional de Nanotecnologia Verde: Física e Química*, *1* (2), P110-P117.

Jha, A. K., Prasad, K., Prasad, K., e Kulkarni, A. R. (2009). Sistema vegetal: a nanofábrica da natureza. *Colloids and Surfaces B: Biointerfaces*, *73*(2), 219223.

Kabashin, A. V., e Meunier, M. (2003). Síntese de nanopartículas coloidais durante a ablação de ouro em água por laser de femtossegundo. *Journal of Applied Physics*, *94*(12), 7941-7943.

Kalaiselvi, A., Roopan, S. M., Madhumitha, G., Ramalingam, C., e Elango, G. (2015). Síntese e caraterização de nanopartículas de paládio utilizando extrato de folhas de Catharanthus roseus e sua aplicação na degradação foto-catalítica. *Spectrochimica Ata Parte A: Espectroscopia Molecular e Biomolecular*, *135*, 116-119.

Kapadia, G. J. (2006). Plantas Medicinais do Mundo: Chemical Constituents, Traditional and Modern Medicinal Uses. Volume 3 Por Ivan A. Ross. Humana Press, Totowa, NJ. 2005. xvii+ 623 pp. 16,5× 26 cm. ISBN 158829-129-4. $125.00. *Journal of Medicinal Chemistry*, *13*(49), 39983998.

Kaushik N, Thakkar MS, Snehit S, Mhatre MS, Rasesh Y, Parikh MS (2010) Síntese biológica de nanopartículas metálicas. *Nanomed Nanotechnol Biol Med* **6**:257-262.

Kaviya, S., Santhanalakshmi, J., Viswanathan, B., Muthumary, J., e Srinivasan, K. (2011). Biossíntese de nanopartículas de prata utilizando extrato de casca de Citrus sinensis e a sua atividade antibacteriana. *Spectrochimica Ata Parte A: Espectroscopia Molecular e Biomolecular*, *79*(3), 594-598.

Keshari, A. K., e Farooqi, H. (2014). Avaliação do Efeito do Peróxido de Hidrogénio (H^ sub 2^ O^ sub 2^) na Hemoglobina e o Efeito Protetor da Glicina. *O*

Jornal Internacional de Ciência e Tecnologia, 2 (2), 36.

Keshari, A. K., Srivastava, A., Verma, A. K., e Srivastava, R. (2016). Eliminação de radicais livres e propriedade protetora de proteínas de Ocimum sanctum (L). *JORNAL BRITÂNICO DE PESQUISA FARMACÊUTICA, 14* (4).

Khalil, K. A., Fouad, H., Elsarnagawy, T., e Almajhdi, F. N. (2013). Preparação e caraterização de nanofibras compostas de PLGA / prata electrospun para aplicações biomédicas. *Int JElectrochem Sci, 8,* 3483-3493.

Khan, R. A., Khan, M. R., Sahreen, S., e Ahmed, M. (2012). Avaliação do conteúdo fenólico e atividade antioxidante de vários extractos de solventes de Sonchus asper (L.) Hill. *Revista Central de Química, 6*(1), 12.

Kim, S., Yoo, B. K., Chun, K., Kang, W., Choo, J., Gong, M. S., e Joo, S. W. (2005). Efeito catalítico de nanopartículas de Ni ablacionadas a laser na reação de adição oxidativa para um reagente de acoplamento de cloreto de benzilo e bromoacetonitrilo. *Journal of Molecular Catalysis A: Chemical, 226*(2), 231-234.

Klaus, T., Joerger, R., Olsson, E., e Granqvist, C. G. (1999). Nanopartículas cristalinas à base de prata, fabricadas microbialmente. *Actas da Academia Nacional de Ciências, 96*(24), 13611-13614.

Konwarh, R., Gogoi, B., Philip, R., Laskar, M. A., e Karak, N. (2011). Preparação biomimética de nanopartículas de prata "verdes" suportadas por polímeros que eliminam radicais livres, são citocompatíveis e antimicrobianas, utilizando extrato aquoso de casca de Citrus sinensis. *Colloids and Surfaces B: Biointerfaces, 84*(2), 338-345.

Korbekandi, H., e Iravani, S. (2012). Nanopartículas de prata. Em *The delivery of nanoparticles*. InTech.

Korbekandi, H., Iravani, S., e Abbasi, S. (2009). Produção de nanopartículas utilizando organismos. *Critical Reviews in Biotechnology, 29*(4), 279-306.

Kouvaris, P., Delimitis, A., Zaspalis, V., Papadopoulos, D., Tsipas, S. A., e Michailidis, N. (2012). Síntese verde e caraterização de nanopartículas de prata produzidas usando extrato de folha de Arbutus Unedo. *Materials Letters*, *76*, 18-20.

Krishnaraj, C., Jagan, E. G., Rajasekar, S., Selvakumar, P., Kalaichelvan, P. T., e Mohan, N. (2010). Síntese de nanopartículas de prata utilizando extractos de folhas de Acalypha indica e a sua atividade antibacteriana contra agentes patogénicos transmitidos pela água. *Colloids and Surfaces B: Biointerfaces*, *76*(1), 50-56.

Kuppusamy, P., Yusoff, M. M., Maniam, G. P., e Govindan, N. (2016). Biossíntese de nanopartículas metálicas usando derivados de plantas e seus novos caminhos em aplicações farmacológicas - Um relatório atualizado. *Saudi Pharmaceutical Journal*, *24*(4), 473-484.

Link, S., Burda, C., Nikoobakht, B., e El-Sayed, M. A. (2000). Alterações de forma induzidas por laser em nanobastões de ouro coloidal utilizando impulsos laser de femtossegundos e nanossegundos. *The Journal of Physical Chemistry B, 104(26),* 6152-6163.

Mafune, F., Kohno, J. Y., Takeda, Y., Kondow, T., e Sawabe, H. (2000). Estrutura e estabilidade de nanopartículas de prata em solução aquosa produzidas por ablação a laser. *The Journal of Physical Chemistry B*, *104*(35), 8333-8337.

Mafune, F., Kohno, J. Y., Takeda, Y., Kondow, T., e Sawabe, H. (2001). Formação de nanopartículas de ouro por ablação a laser em solução aquosa de surfactante. *The Journal of Physical Chemistry B*, *105*(22), 5114-5120.

Mandal, D., Bolander, M. E., Mukhopadhyay, D., Sarkar, G., & Mukherjee, P. (2006). A utilização de microrganismos para a formação de nanopartículas metálicas e a sua aplicação. *Applied Microbiology and Biotechnology*, *69*(5), 485-492.

Marslin, G., Selvakesavan, R. K., Franklin, G., Sarmento, B., e Dias, A. C. (2015).

Atividade antimicrobiana de creme incorporado com nanopartículas de prata biossintetizadas a partir de Withania somnifera. *Revista internacional de nanomedicina*, *10*, 5955.

Merga, G., Wilson, R., Lynn, G., Milosavljevic, B. H., & Meisel, D. (2007). Catálise redox em nanopartículas de prata "nuas". *The Journal of Physical Chemistry C*, *111*(33), 12220-12226.

Mohanpuria, P., Rana, N. K., e Yadav, S. K. (2008). Biossíntese de nanopartículas: conceitos tecnológicos e aplicações futuras. *Journal of Nanoparticle Research*, *10*(3), 507-517.

Mohl, M., Dobo, D., Kukovecz, A., Konya, Z., Kordas, K., Wei, J., ... e Ajayan, P. M. (2011). Formação de nanotubos bimetálicos de CuPd e CuPt por reação de substituição galvânica. *O Jornal de Química Física C*, *115*(19), 9403-9409.

Molyneux, RJ; Lee, ST; Gardner, DR; Panter, KE; James, LF (2007). "Fitoquímicos: o bom, o mau e o feio?". *Phytochemistry. 68 (22-24): 2973- 85.*

Mozziconacci, O., Ji, J. A., Wang, Y. J., e Schoneich, C. (2013). Oxidação catalisada por metal de resíduos de metionina de proteínas na hormona paratiroideia humana (1-34): Formação de homocisteína e uma nova reação de hidrólise dependente de metionina. *Farmacêutica molecular*, *10*(2), 739755.

MubarakAli, D., Thajuddin, N., Jeganathan, K., e Gunasekaran, M. (2011). Síntese mediada por extrato vegetal de nanopartículas de prata e ouro e sua atividade antibacteriana contra patógenos clinicamente isolados. *Colloids and Surfaces B: Biointerfaces*, *85*(2), 360-365.

Mukherjee, P., Ahmad, A., Mandal, D., Senapati, S., Sainkar, S. R., Khan, M. I., ... e Sastry, M. (2001). Bioredução de iões AuCl4- pelo fungo Verticillium sp. e captura superficial das nanopartículas de ouro formadas. *Angewandte Chemie International Edition*, *40*(19), 3585-3588.

Mukunthan, K.S., Elumalai, E.K., Patel, E.N. e Murty, V.R. (2011) *Catharanthus roseus*: Uma fonte natural para a síntese de nanopartículas de prata. *Jornal do Pacífico Asiático de Biomedicina Tropical*, **1**, 270274.

Nagati, V. B., Alwala, J., Koyyati, R., Donda, M. R., Banala, R., e Padigya, P. R. M. (2012). Síntese verde de nanopartículas de prata mediadas por plantas usando extrato de folhas de Withania somnifera e avaliação de sua atividade antimicrobiana. *Asian. Pac. J. Trop. Biomed*, 1-5.

Nishikimi, M., Rao, N. A., e Yagi, K. (1972). A ocorrência de anião superóxido na reação de metosulfato de fenazina reduzido e oxigénio molecular. *Biochemical and biophysical research communications*, *46*(2), 849-854.

Nweze, E. I., Okafor, J. I., e Njoku, O. (2004). Actividades antimicrobianas de extractos metanólicos de Trema guineensis (Schumm e Thorn) e Morinda lucida benth utilizados na Nigéria. *Bio-research*, *2*(1), 39-46.

Oliveira, M. M., Ugarte, D., Zanchet, D., e Zarbin, A. J. (2005). Influência de parâmetros sintéticos no tamanho, estrutura e estabilidade de nanopartículas de prata estabilizadas com dodecanotiol. *Journal of colloid and interface science*, *292*(2), 429-435.

Pal, S. L., Jana, U., Manna, P. K., Mohanta, G. P., e Manavalan, R. (2011). Nanopartículas: Uma visão geral da preparação e caraterização (20002010).

Ponarulselvam, S., Panneerselvam, C., Murugan, K., Aarthi, N., Kalimuthu, K., e Thangamani, S. (2012). Síntese de nanopartículas de prata utilizando folhas de Catharanthus roseus Linn. G. Don e as suas actividades antiplasmodiais. *Jornal do Pacífico Asiático de Biomedicina Tropical*, *2*(7), 574-580.

Rahal, A., Kumar, A., Singh, V., Yadav, B., Tiwari, R., Chakraborty, S., e Dhama, K. (2014). Stress oxidativo, prooxidantes e antioxidantes: a interação. *BioMed research international*, *2014*.

Rai, M., Yadav, A., e Gade, A. (2009). Silver nanoparticles as a new generation of antimicrobials (Nanopartículas de prata como uma nova geração de antimicrobianos). *Biotechnology advances*, *27*(1), 76-83.

Rajinikanth, R., Govarthanan, M., Paul, A., Selvankumar, T., e Sengottaiyan, A. (2013). Potencial antioxidante e metabólitos secundários em Ocimum sanctum L. em vários habitats. *Jornal de Pesquisa de Plantas Medicinais*, *7*(12), 706-712

Roepke, J., Salim, V., Wu, M., Thamm, A. M., Murata, J., Ploss, K., ... e De Luca, V. (2010). Os componentes da droga Vinca acumulam-se exclusivamente nos exsudados foliares da pervinca de Madagáscar. *Actas da Academia Nacional de Ciências*, *107*(34), 15287-15292.

Samadi, N., Golkaran, D., Eslamifar, A., Jamalifar, H., Fazeli, M. R., e Mohseni, F. A. (2009). Biossíntese Intra/Extracelular de Nanopartículas de Prata por uma Estirpe Autóctone de Proteus mirabilis Isolada de Resíduos Fotográficos. *Journal of biomedical nanotechnology*, *5*(3), 247-253.

Sangeetha, G., Rajeshwari, S., e Venckatesh, R. (2011). Síntese verde de nanopartículas de óxido de zinco por extrato de folha de aloe barbadensis miller: Estrutura e propriedades ópticas. *Boletim de Investigação de Materiais*, *46*(12), 2560-2566.

Sanghi, R., e Verma, P. (2009). Uma biossíntese extracelular verde fácil de nanopartículas de CdS por fungo imobilizado. *Chemical Engineering Journal*, *155*(3), 886-891.

Sastry, M., Ahmad, A., Khan, M. I., e Kumar, R. (2003). Biossíntese de nanopartículas metálicas utilizando fungos e actinomicetos. *Ciência atual*, *85*(2), 162 170.

Sathishkumar, M., Sneha, K., Won, S. W., Cho, C. W., Kim, S., e Yun, Y. S. (2009). Extrato de casca de canela zeylanicum e síntese verde mediada por pó de partículas de prata nano-cristalinas e sua atividade bactericida. *Colloids and Surfaces B: Biointerfaces*, *73*(2), 332-338.

Senthilkumar,S., Siva, E., e Rajendran, A. (2017) Caracterização e atividade antimicrobiana da biossíntese ecológica de nano-prata

Partículas utilizando um extrato aquoso de folhas de Catharanthus Roseus. *IOSR Journal of Applied Physics (IOSR-JAP) e-ISSN*, 2278-4861, PP 71-75.

Shankar, S.S., Ahmad, A. e Sastry, M. (2003) Biossíntese de nanopartículas de prata assistida por folhas de gerânio. *Biotechnology Progress*, **19**, 16271631.

Shankar, S. S., Rai, A., Ankamwar, B., Singh, A., Ahmad, A., e Sastry, M. (2004). Síntese biológica de nanoprismas triangulares de ouro. *Nature materials*, *3*(7), 482-488.

Sharma, N., Bhatt, G., e Kothiyal, P. (2015). Síntese de nanopartículas de ouro, propriedades e aplicações futuras - uma revisão. *Jornal Indiano de Investigação Farmacêutica e Biológica*, *3*(2), 13.

Sharma, V. K., Yngard, R. A., e Lin, Y. (2009). Silver nanoparticles: green synthesis and their antimicrobial activities. *Advances in colloid and interface science*, *145*(1), 83-96.

Slavin, J. L., e Lloyd, B. (2012). Benefícios para a saúde de frutas e vegetais. *Advances in Nutrition: An International Review Journal*, *3*(4), 506-516.

Shaw, D. (2010). Riscos toxicológicos das ervas chinesas. *Planta medica*, *76*(17), 2012-2018.

Slawson, R. M., Trevors, J. T., e Lee, H. (1992). Acumulação e resistência à prata em Pseudomonas stutzeri. *Archives of microbiology*, *158* (6), 398-404.

Sondi, I., e Salopek-Sondi, B. (2004). Silver nanoparticles as antimicrobial agent: a case study on E. coli as a model for Gram-negative bacteria. *Journal of colloid and interface science*, *275*(1), 177-182.

Song, J. Y., & Kim, B. S. (2008). Síntese biológica de nanopartículas bimetálicas Au/Ag utilizando extrato de folhas de dióspiro (Diopyros kaki). *Jornal*

Coreano de Engenharia Química, *25*(4), 808-811.

Sun, Q., Cai, X., Li, J., Zheng, M., Chen, Z., e Yu, C. P. (2014). Síntese verde de nanopartículas de prata usando extrato de folhas de chá e avaliação de sua estabilidade e atividade antibacteriana. *Colóides e superfícies A: Aspectos físico-químicos e de engenharia*, *444*, 226-231.

Sylvestre, J. P., Kabashin, A. V., Sacher, E., Meunier, M., e Luong, J. H. (2004). Estabilização e controlo do tamanho de nanopartículas de ouro durante a ablação a laser em ciclodextrinas aquosas. *Journal of the American Chemical Society*, *126*(23), 7176-7177.

Tomar, A., e Garg, G. (2013). Breve revisão sobre a aplicação de nanopartículas de ouro. *Global Journal of Pharmacology*, *7*(1), 34-38.

Tsuji, T., Iryo, K., Watanabe, N., e Tsuji, M. (2002). Preparação de nanopartículas de prata por ablação a laser em solução: influência do comprimento de onda do laser no tamanho das partículas. *Applied Surface Science*, *202*(1), 80-85.

Tsuji, T., Kakita, T., e Tsuji, M. (2003). Preparação de partículas de prata de tamanho nanométrico com ablação por laser de femtosegundo em água. *Applied Surface Science*, *206*(1), 314-320.

Vaidyanathan, R., Gopalram, S., Kalishwaralal, K., Deepak, V., Pandian, S. R. K., e Gurunathan, S. (2010). Síntese melhorada de nanopartículas de prata através da otimização da atividade da nitrato redutase. *Colloids and surfaces B: Biointerfaces*, *75*(1), 335-341.

Valdiani, A., Kadir, M. A., Tan, S. G., Talei, D., Abdullah, M. P., e Nikzad, S. (2012). Nain-e Havandi Andrographis paniculata presente ontem, ausente hoje: uma revisão plenária sobre a erva subutilizada das plantas farmacêuticas do Irão. *Relatórios de biologia molecular, 39(5),* 5409-5424.

Velayutham, K., Rahuman, A. A., Rajakumar, G., Santhoshkumar, T., Marimuthu, S., Jayaseelan, C., ... e Elango, G. (2012). Avaliação da biossíntese de nanopartículas de dióxido de titânio mediada por extrato de folhas de Catharanthus roseus contra Hippobosca maculata e Bovicola ovis. *Parasitology research, 111*(6), 2329-2337.

Vigneshwaran, N., Kathe, A. A., Varadarajan, P. V., Nachane, R. P., e Balasubramanya, R. H. (2006). Biomimética de nanopartículas de prata pelo fungo da podridão branca, Phaenerochaete chrysosporium. *Colloids and Surfaces B: Biointerfaces, 53*(1), 55-59.

Wiley, B., Sun, Y., Mayers, B., e Xia, Y. (2005). Síntese de nanoestruturas metálicas com controlo da forma: o caso da prata. *Chemistry-A European Journal, 11*(2), 454-463.

Wu, H. C., Chen, H. M., e Shiau, C. Y. (2003). Aminoácidos livres e péptidos relacionados com propriedades antioxidantes em hidrolisados proteicos de cavala (Scomber austriasicus). *Food research international, 36*(9), 949-957.

Yadav, R. N. S., e Agarwala, M. (2011). Análise fitoquímica de algumas plantas medicinais. *Journal of phytology, 3*(12).

Zharov, V. P., Kim, J. W., Curiel, D. T., e Everts, M. (2005). Nanoclusters de auto-montagem em sistemas vivos: aplicação para nanodiagnóstico fototérmico integrado e nanoterapia. *Nanomedicina: Nanotecnologia, Biologia e Medicina, 1*(4), 326-345.

I want morebooks!

Buy your books fast and straightforward online - at one of world's fastest growing online book stores! Environmentally sound due to Print-on-Demand technologies.

Buy your books online at
www.morebooks.shop

Compre os seus livros mais rápido e diretamente na internet, em uma das livrarias on-line com o maior crescimento no mundo! Produção que protege o meio ambiente através das tecnologias de impressão sob demanda.

Compre os seus livros on-line em
www.morebooks.shop

Printed by Books on Demand GmbH, Norderstedt / Germany